Pamela Kaithuru

Alterações climáticas

Pamela Kaithuru

Alterações climáticas

ScienciaScripts

Imprint

Cover image: www.ingimage.com

This book is a translation from the original published under ISBN 978-620-2-07193-2.

Publisher:
Sciencia Scripts
is a trademark of
Dodo Books Indian Ocean Ltd. and OmniScriptum S.R.L publishing group

120 High Road, East Finchley, London, N2 9ED, United Kingdom
Str. Armeneasca 28/1, office 1, Chisinau MD-2012, Republic of Moldova, Europe
Printed at: see last page
ISBN: 978-620-8-28396-4

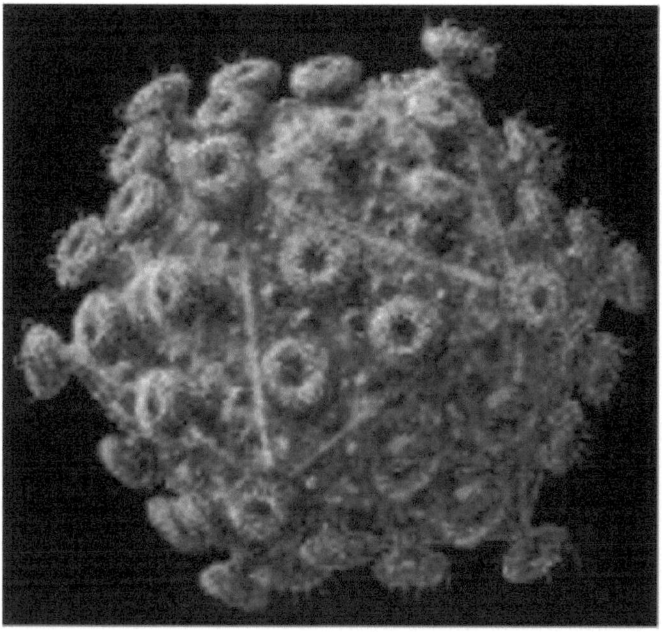

Índice

RECONHECIMENTO

A Deus seja dada toda a glória por permitir que este trabalho, numa altura como esta, contribua para a riqueza do conhecimento para Sua própria glória. À minha família, amigos e colegas que, de inúmeras formas, influenciaram este produto, o meu muito obrigado.

PREVISÃO

Como cientista do clima, estou espantado com a forma como este livro analisa e relaciona os impactos das alterações climáticas com o desafio contemporâneo do VIH e da SIDA.

A aplicação de dados meteorológicos e climáticos, que muitas vezes não parecem técnicos para o público em geral, é apresentada pelo autor de uma forma que tornará este livro útil para os responsáveis pela execução de planos de desenvolvimento em muitos sectores.

Complementa os esforços de combate às alterações climáticas, dando sentido às respostas individuais, organizacionais, comunitárias, nacionais e internacionais.

Dr. Samuel Marigi

Painel Intergovernamental para as Alterações Climáticas, Ponto Focal no Quénia

DEDICAÇÃO

Esta peça de arte é dedicada a todas as pessoas (especialmente em África) que são adversamente afectadas pela pandemia do VIH e pelas adversidades das alterações climáticas. Deus, na sua graça, cure as vossas "feridas" emocionais, físicas, económicas e sociais ocasionadas pelos desafios relacionados.

A REALIDADE

As alterações climáticas são uma realidade e os seus efeitos fazem-se sentir de forma diferente em diferentes regiões e épocas. A informação sobre as alterações e a variabilidade climáticas é inevitável nos processos de tomada de decisão em sectores sensíveis ao clima, como a agricultura, os recursos hídricos, a saúde, a energia e a gestão de catástrofes, entre outros. Consequentemente, a informação é inevitável na gestão do fardo global das doenças sensíveis ao clima na África Subsariana e na resposta aos desafios das infecções oportunistas associadas ao Vírus da Imunodeficiência Humana (VIH).

Em particular, verifica-se um aumento acentuado da temperatura média global no século XXI e o consequente aumento da intensidade, gravidade, distribuição e ocorrência de doenças sensíveis ao clima em áreas onde nunca estiveram (um bom exemplo é a malária das terras altas em partes do Quénia). Consequentemente, há mais alterações nos ecossistemas, na produtividade e nos estilos de vida e, como tal, o impacto na saúde humana, bem como no ecossistema de que a humanidade depende para o seu sustento. Por outro lado, a infeção pelo vírus da imunodeficiência humana (VIH), um vírus que compromete o sistema imunitário, tem grandes implicações para a saúde individual e para a comunidade.

A nível mundial, as estatísticas indicam que mais de trinta e três milhões de pessoas vivem com o VIH e a SIDA, sendo que mais de dois terços dos infectados vivem na África Subsariana, que alberga um pouco mais de dez por cento da população mundial. O VIH é o desafio mais importante em termos de saúde na maioria dos países, tendo a pandemia profundas ramificações socioeconómicas, tanto a nível doméstico como nacional, que têm de ser atenuadas. A epidemia encontra-se atualmente entre as principais causas de morbilidade e aumentou o fardo da doença nos países em desenvolvimento, tendo em conta o ressurgimento de doenças que tirarão partido de populações com sistemas imunitários comprometidos. No entanto, foram obtidos grandes progressos científicos na gestão do VIH com o advento da terapia antirretroviral, mas é provável que se percam devido a complicações decorrentes das alterações climáticas.

Esta brochura é uma iniciativa deliberada do autor que visa realçar as implicações das alterações climáticas na saúde e nos meios de subsistência que podem ter um impacto direto na vida das pessoas infectadas e afectadas pelo VIH e, consequentemente, na gestão da infeção, no Quénia, um cenário que poderia ser replicado em qualquer África subsariana.

Esta iniciativa é motivada pelo facto de o tempo e o clima afectarem o bem-estar de todas as espécies do planeta e de as alterações climáticas adversas afectarem definitivamente a atividade da "SIDA", sobretudo nos países em desenvolvimento, que são muito afectados por esta situação.

É importante destacar os impactos das alterações climáticas na população em geral, tendo em conta que se estima que a população mundial atingirá 7,5 mil milhões em 2020. Consequentemente, é dada ênfase aos impactos prováveis na população de pessoas infectadas ou em risco de infeção pelo VIH na África Subsariana.

O sexto ODM coloca a tónica no combate ao VIH e à SIDA, à malária e a outras doenças, às quais os refugiados, as mulheres, as crianças e os idosos são muito susceptíveis. A mesma categoria de pessoas é também afetada negativamente por catástrofes relacionadas com o clima.

Também na brochura há um esforço para explorar, com simplicidade, formas de melhorar a qualidade de vida das pessoas vulneráveis no contexto das alterações climáticas, com o objetivo de contribuir para a tomada de decisões críticas em matéria de saúde e clima, conforme aplicável a vários níveis. Isto é tanto mais importante quanto, como observou a Organização Meteorológica

Mundial, "a nível mundial, mais de 70% das catástrofes naturais estão relacionadas com o tempo e o clima", com uma estimativa anual dos custos económicos relacionados com as catástrofes naturais que ronda os 50-100 mil milhões de dólares americanos e cerca de 250 000 vidas perdidas direta ou indiretamente em todo o mundo.

O autor tomou conhecimento de uma observação de alguns Wiseman, segundo a qual o clima e o VIH têm algumas semelhanças. Ambos não têm fronteiras, não têm fé, não têm classes, não têm cor, não têm género, não têm idade... a lista é inesgotável. Ambos tocam em questões que são muito pessoais para os seres humanos - sexualidade e comportamento, liberdade e privacidade, família e comunidade, trabalho e amor, prazer e dor, etc. Ambos têm sido catalisadores de desgostos, miséria e estigma incontáveis, bem como de uma paixão, generosidade e amor incomensuráveis. Assim sendo, é evidente que esta brochura não poderia ter surgido em melhor altura do que agora, quando estas duas questões são tão preocupantes para o bem-estar da humanidade.

CAPÍTULO 1

INFORMAÇÃO DE BASE

O clima de uma área é definido como as condições meteorológicas médias observadas durante um longo período, geralmente trinta anos, e a sua variabilidade a longo prazo. O tempo, por outro lado, é o que se verifica no dia a dia. Os parâmetros em questão são a temperatura, a precipitação, a humidade e o vento e a sua variabilidade, os extremos e a sazonalidade e a forma como se relacionam com o desencadear de inundações, escassez de alimentos, doenças e outras catástrofes naturais.

O clima é um recurso sobre o qual a vida prospera (para todos os seres vivos). Determina a habitação do homem, o seu ambiente, o que come, o tão necessário fornecimento de energia, etc. A própria existência e o estilo de vida do homem, independentemente da cor da pele, do tamanho do corpo ou do credo, dependem em grande medida do clima. Os seres humanos têm uma grande capacidade de adaptação a climas variados, mas continuam a ser muito vulneráveis a alterações acentuadas das condições meteorológicas. O homem não tem sido capaz de controlar completamente as forças naturais da natureza, mas, em certa medida, tem conseguido alguns progressos na tentativa de gerir os seus efeitos. As vulnerabilidades dependem, no entanto, do risco a que as comunidades estão predispostas e da sua aptidão ou capacidade para o enfrentar.

Com base no clima, o mundo foi dividido em grandes zonas climáticas que têm caraterísticas diferentes e, consequentemente, influenciam a vida em todas as suas facetas para todos os seres vivos em cada zona; grande capacidade de adaptação a climas e ambientes variados.

Ao longo dos anos, tem-se verificado uma variação acentuada do clima, ou seja, desvios da média meteorológica a longo prazo durante um determinado período de tempo, que ocorrem sem afetar a média global. Este facto é designado por variabilidade climática. Por outro lado, as alterações climáticas são uma mudança permanente nos padrões tradicionais do clima no espaço-tempo. Devido às actividades humanas ao longo dos tempos, tem-se verificado um acentuado esgotamento dos recursos naturais, a destruição da camada de ozono e a degradação do ambiente, com o aparecimento de "microclimas" ocasionados pelo abate de árvores, a fixação de pessoas e a criação de recursos hídricos pelo homem, bem como a industrialização, entre outras actividades.

O Painel Intergovernamental sobre as Alterações Climáticas (PIAC) da

OMM/Programa das Nações Unidas para o Ambiente (PNUA) observou continuamente, desde o seu Segundo Relatório de Avaliação (SAR) em 1995 até ao Quarto Relatório de Avaliação (AR4) em 2007, que "o balanço das provas sugere uma influência humana discernível no clima global". O Relatório de Avaliação do IPCC 5th de 2013 observou que os impactos das alterações climáticas em África se fazem sentir de diversas formas. Além disso, o relatório observou que as alterações são inevitáveis e colocam desafios ao crescimento e desenvolvimento de África. O IPCC atribuiu o aumento de 0,6 graus centígrados na RAE no século passado à queima de combustíveis fósseis e a alterações no uso da terra, como a desflorestação. Além disso, previu um aumento de 1 a 3,5 graus centígrados nas temperaturas globais nos próximos cem anos. Nas zonas terrestres subtropicais, regista-se uma diminuição de cerca de 0,3% da precipitação por década e um aumento de 2,4% por século nas regiões tropicais, para além de uma grande disparidade espacial no globo. Os indicadores das alterações climáticas são o aumento da temperatura do ar, a subida do nível do mar, as alterações da precipitação e os fenómenos extremos de inundações, secas, períodos de frio, ventos fortes, etc., cuja frequência e/ou intensidade aumentaram. Assim, para além dos impactos das alterações climáticas nos sistemas materiais e ecológicos, é necessário considerar os seus impactos na saúde humana, incluindo o VIH e a SIDA. A integração da informação climática em todos os aspectos do planeamento e/ou gestão de desastres irá gerar um desenvolvimento sócio-económico sustentável.

O CENÁRIO QUENIANO DAS ALTERAÇÕES CLIMÁTICAS

O Quénia, como todos os países da região, tem evidências documentadas de alterações climáticas. De acordo com o Departamento Meteorológico do Quénia, os indicadores observados de alterações climáticas no Quénia incluem: aumentos de temperatura, como evidenciado pelas recentes tendências anuais de anomalias máximas para Lodwar, Kericho, Lamu e Kisumu (diagrama a); bem como as tendências de anomalias mínimas de temperatura de outubro-dezembro para Kitale, Nakuru, Kericho e Kisumu (diagrama b) Estações meteorológicas no Quénia.

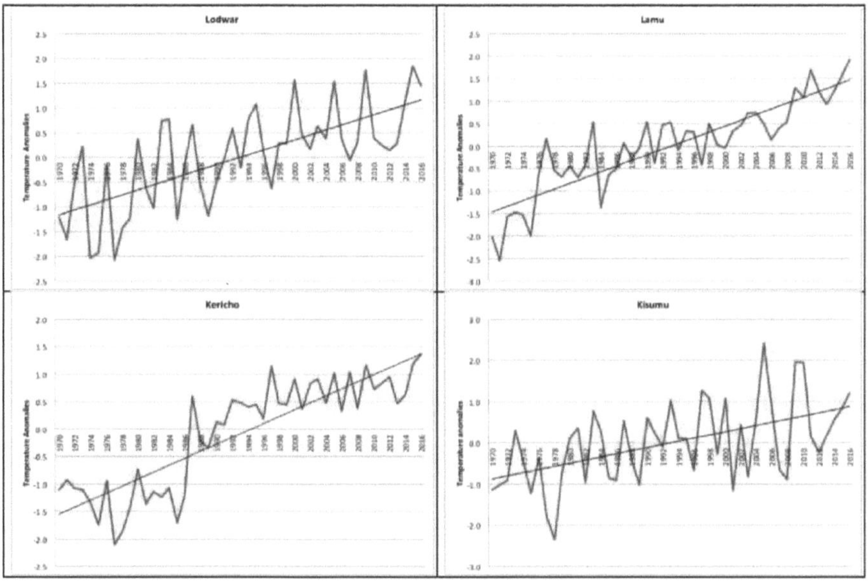

a. Tendências da anomalia da temperatura máxima anual no Quénia

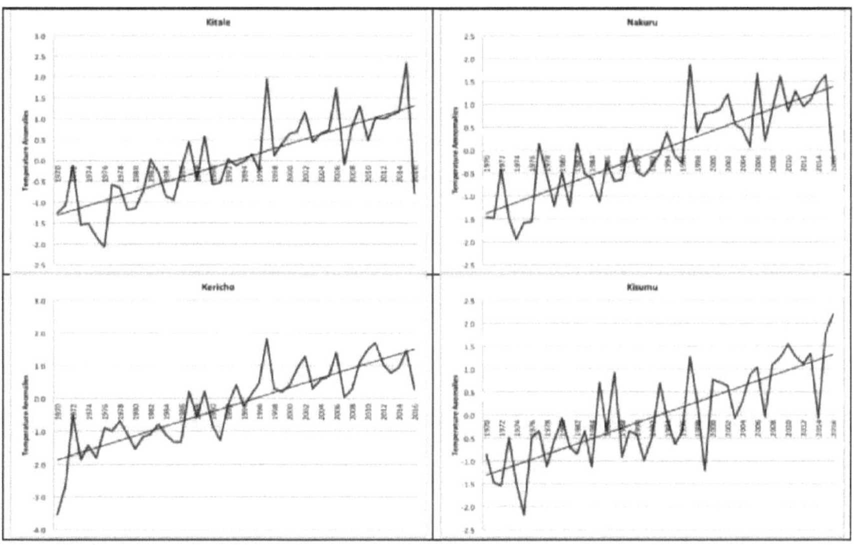

b. Tendências da anomalia da temperatura mínima de outubro-dezembro no Quénia

O país, por exemplo, registou anomalias nas tendências de precipitação anuais evidenciadas em Kericho, Kakamega, Kisumu e Dagoretti (diagrama c). As tendências projectadas para a precipitação no Quénia (diagrama d) também indicaram alterações notáveis que são todas evidências de alterações climáticas. Além disso, há um derretimento e um recuo notáveis dos glaciares de montanha e uma frequência crescente de fenómenos ENSO (fenómenos climáticos extremos), especialmente secas e inundações.

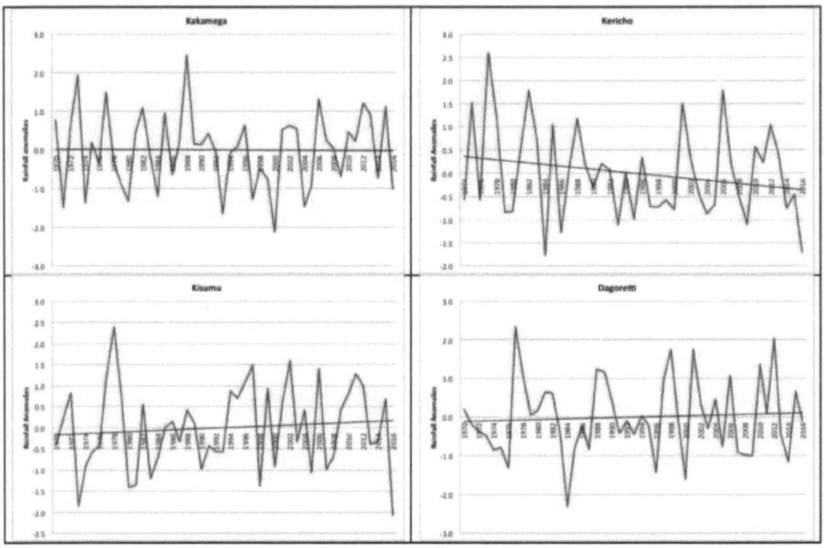

c. Tendências das anomalias anuais de precipitação no Quénia

derretimento e recuo dos glaciares de montanha; e aumento da frequência de fenómenos ENSO (fenómenos climáticos extremos), especialmente secas e inundações.

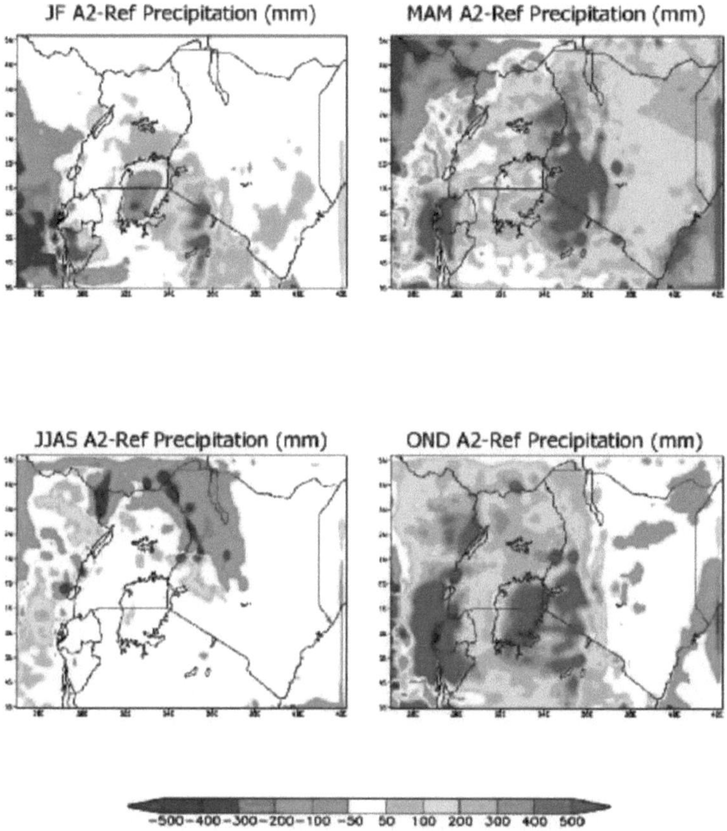

d. Precipitação projectada no Quénia

Algumas delas não são de difícil compreensão para um leigo, mas outras só podem ser percebidas por especialistas. As estatísticas comprovam que o país tem registado aumentos das temperaturas máximas entre 0,1 e 2,2 graus Celsius. De facto, o país tem registado aumentos das temperaturas máximas entre 0,1 e

2,2 graus Celsius. Por outro lado, as temperaturas mínimas aumentaram entre 0,3 e 2,9 graus Celsius.

Entre os impactos observados contam-se: Aumento do nível do mar, ressurgimento de algumas doenças; rios que se tornam mais sazonais ou que desaparecem completamente; diminuição dos níveis dos lagos (Lago Naivasha); mudanças nas estações de precipitação; inundações graves mais frequentes e secas prolongadas, como se verificou em partes da Província Oriental; conflitos sobre recursos limitados entre as comunidades pastoris; e os conflitos entre humanos e animais selvagens têm vindo a aumentar.

Deslocação de populações devido a inundações

Prevê-se igualmente que, até 2030, as temperaturas possam aumentar entre 2,6 e 4 graus Celsius. Nestes cenários, praticamente todos os sectores da economia serão afectados, com impactos devastadores no bem-estar social da sociedade queniana e, sobretudo, nas populações deslocadas em resultado do ENSO.

No que se refere à saúde, a preocupação é que o Quénia deverá estar em risco, principalmente devido ao aumento da incidência de doenças transmitidas por vectores e à redução do estado nutricional. Um ambiente mais quente poderá abrir novas áreas para a malária; a alteração dos padrões de temperatura e de precipitação poderá também aumentar a incidência da febre-amarela e da tripanossomíase. O aumento da morbilidade e da mortalidade nas zonas onde as doenças transmitidas por vectores aumentam na sequência das alterações climáticas teria consequências económicas de grande alcance. Esta vulnerabilidade aumenta face ao fardo do VIH e da SIDA, para além do facto de a epidemia estar a estabilizar e de se tratar de uma epidemia generalizada que se concentra em algumas populações. A prevalência estimada mostra uma variabilidade geográfica que vai de um mínimo de 4,0% a um máximo de 27,1% em regiões/condados, sendo 65% da prevalência evidente em dez condados do Quénia, o que indica que o fardo do VIH não pode ser subestimado e que a intervenção tem de ser integrada e a todos os níveis.

Portanto, é desnecessário dizer que as mudanças climáticas têm impacto nos sistemas materiais e ecológicos e que o impacto, embora indiretamente, na saúde humana incluindo o HIV e SIDA. A integração da informação sobre o clima em todos os aspectos do planeamento e/ou da gestão de catástrofes irá gerar um desenvolvimento socioeconómico sustentável.

CAPÍTULO 2

A PANDEMIA DO VIH e da SIDA

O Vírus da Imunodeficiência Humana (VIH) é um vírus imunossupressor que causa a Síndrome da Imunodeficiência Adquirida (SIDA) nos seres humanos. Nos últimos 25 anos, cerca de 25 milhões de pessoas morreram de SIDA e mais de 33 milhões vivem com o vírus. Dois terços dos infectados vivem na África Subsariana, que alberga apenas um pouco mais de 10% da população mundial. A África Oriental registou mais de meio milhão de novas infecções num só ano, o ano de 2007. Segundo as estatísticas do Quénia, cerca de 1,6 milhões de pessoas vivem com o vírus, o que inclui 101 560 quenianos que foram

novos infectados em 2013, de acordo com o Conselho Nacional de Controlo da SIDA, dos quais 88.620 eram adultos e 12.940 crianças. É importante notar que a tendência é de declínio; 7% de declínio entre os adultos e 44% de declínio entre as crianças, em comparação com as estatísticas de 2007, atribuídas à abordagem multissectorial das intervenções no país desde que o VIH foi declarado uma catástrofe nacional em 1999. Interessar-vos-á saber que se calcula que, em menos de 10 anos, até 2015, cerca de 62 milhões de pessoas em todo o mundo terão sido infectadas. Estes números ultrapassarão sem dúvida os recursos disponíveis.

O VIH, que é altamente estigmatizado, tem sido evidenciado em muitas comunidades em África, causa doenças debilitantes e morte prematura em pessoas durante os seus primeiros anos de vida e tem devastado famílias, locais de trabalho e comunidades. Por muito que se fale sobre o assunto, o VIH ainda não foi desmistificado - muitos mitos continuam a circular sobre a causa, os modos de transmissão, o tratamento, etc., mesmo entre os membros da elite da sociedade. Além disso, o VIH e a SIDA complicaram os esforços de luta contra a pobreza, de melhoria da saúde e de promoção do desenvolvimento, para além de terem posto em causa a realização dos Objectivos de Desenvolvimento do Milénio das Nações Unidas (ODM) e de ameaçarem a concretização da Visão 2030 do Quénia, para além de outros programas de desenvolvimento.

Mesmo ao nível mais baixo, o VIH diminui a capacidade de uma pessoa para apoiar, trabalhar e sustentar a sua família. Ao mesmo tempo, os custos dos tratamentos e dos cuidados de saúde relacionados com o VIH e a SIDA consomem os rendimentos das famílias. O efeito combinado da redução dos rendimentos e do aumento dos custos empobrece os indivíduos e as famílias.

Num espetro mais vasto, a epidemia tem registado disparidades socioeconómicas e de género cada vez mais profundas. As mulheres correm um risco elevado de infeção e têm poucas opções para sustentar as suas famílias, especialmente nos países em desenvolvimento. As crianças afectadas pelo VIH, devido à sua própria infeção ou à doença ou morte dos pais, têm menos probabilidades de receber uma educação, uma vez que abandonam a escola para cuidar dos pais doentes e dos irmãos mais novos. Há muitos órfãos que se vêem confrontados com o desafio de terem de se envolver no vício muito degradante do trabalho infantil, o que faz com que o seu destino fique comprometido e, consequentemente, comprometa o futuro de muitas nações. O VIH tem vindo a sobrecarregar os recursos das comunidades, entre os quais os hospitais, os serviços sociais, as escolas e as empresas. Os recursos humanos, que são o capital de qualquer país (organização), em todos os sectores, público, privado e da sociedade civil, têm assistido a uma grande perda de mão de obra qualificada devido a doenças relacionadas com o VIH. A perda de horas de trabalho e de eficiência, o custo da contratação e da reconversão profissional, os traumas causados pelo VIH no local de trabalho, tudo isto retrata um tecido social "rasgado". O impacto da diminuição da produtividade faz-se sentir à escala nacional, sendo o PIB amplamente afetado.

CAPÍTULO 3

Gestão do VIH e da SIDA

A gestão do VIH e da SIDA implica a capacidade de controlar/parar as novas infecções, atrasar a progressão da doença e cuidar e apoiar as pessoas infectadas e afectadas. Tudo isto é orientado para a melhoria da vida que, em todos os aspectos, é determinada pela compreensão do que é necessário e pela disponibilidade do mesmo.

Há vários aspectos do bem-estar que são o foco da gestão da saúde. Um ambiente humano que resulta numa população que pode ser considerada como tendo alcançado o "bem-estar" tem seis aspectos inter-relacionados.

Bem-estar físico:- Refere-se à capacidade de as pessoas terem uma dieta equilibrada, praticarem exercício físico, evitarem hábitos nocivos e tomarem decisões razoáveis em matéria de sexo. O que está em causa é o facto de as pessoas terem conhecimentos e reconhecerem os sintomas de uma doença e poderem aceder a um acompanhamento médico regular. Isto inclui o facto de as pessoas serem capazes de tomar medidas para prevenir lesões em casa, na estrada e no trabalho, socialmente e até psicologicamente. Tudo isto determina cumulativamente a longevidade e a qualidade de vida dos indivíduos e, consequentemente, da população em geral. O bem-estar físico de uma pessoa que vive com o VIH inclui a capacidade de manter a sua estrutura corporal e a sua aparência, apesar do seu estatuto serológico, o que lhe permite realizar as suas actividades normais sem ficar limitado (acamado) ou exausto devido a problemas de saúde.

Bem-estar emocional:- É demonstrado por pessoas que reflectem uma natureza otimista. A capacidade de confiar e ser confiado, a autoestima, a auto-aceitação, a autoconfiança, o autocontrolo, as relações satisfatórias e a capacidade de partilhar sentimentos. Trata-se, nomeadamente, de um estado dinâmico que flutua com a saúde física, intelectual, espiritual, interpessoal, social e ambiental das pessoas, o que pode ser exacerbado pelo seu estatuto à luz de uma condição que é altamente estigmatizada, sobretudo no contexto africano.

O bem-estar intelectual - que é uma caraterística da saúde intelectual - inclui a abertura a novas ideias, a capacidade de questionar e pensar criticamente e a motivação para dominar novas competências, bem como o sentido de humor, a criatividade e a curiosidade. Um indivíduo com uma mente ativa tem a capacidade de aprender, avaliar e armazenar informações relacionadas com a saúde e, como tal, pode detetar problemas, encontrar soluções e orientar o comportamento. Ser capaz de apreciar o conhecimento e os factos científicos e/ou sociais emergentes sobre a "doença" gera um nível de bem-estar que gera paz e capacidade para enfrentar e ou lidar com o desafio.

Bem-estar espiritual: reflecte-se quando uma pessoa ou um povo possui e demonstra um conjunto de crenças, princípios ou valores orientadores que dão sentido e propósito à vida, especialmente em tempos difíceis. Significa que um povo tem capacidade para experimentar o amor, a compaixão, o perdão, o altruísmo, a alegria e a realização. É um antídoto para o cinismo, a raiva, o medo, a ansiedade, o egocentrismo e o pessimismo que afectam a saúde das pessoas. À luz do VIH e das doenças com ele relacionadas, isto dá esperança aos infectados e afectados, desinflando o estigma a todos os níveis e, por conseguinte, melhorando a saúde apesar da situação.

Outro aspeto do bem-estar é o bem-estar interpessoal e social. Uma necessidade básica é a capacidade de um povo se envolver em relações físicas e emocionais satisfatórias e saudáveis. É necessária uma rede social de amor e apoio mútuos, que pode ser conseguida através da aprendizagem de boas competências de comunicação, do desenvolvimento da capacidade de intimidade e do cultivo de uma rede de amigos e/ou familiares atenciosos, reduzindo assim a solidão associada à doença. Permite a sensibilização, a partilha livre de conhecimentos e a utilização de serviços para conhecer o estado da pessoa e gerir a doença sem receio de ser alienado da família e da comunidade.

O bem-estar ambiental não pode ser menosprezado. A saúde do planeta, ou seja, a segurança dos alimentos, o abastecimento de ar e água e as habitações (grau de violência na sociedade) determinam o bem-estar ambiental. Aprender e proteger as populações contra os riscos naturais e artificiais que podem ser alcançados através da sua redução ou eliminação.

A inter-relação de todos os aspectos acima referidos é tal que a afetação de um deles afecta os restantes. Em relação às alterações climáticas, todos os aspectos são afectados em dimensões e formas variadas e, como tal, tornam o homem menos "bem" continuamente.

Tal como já foi referido, regista-se um aumento acentuado das catástrofes relacionadas com o clima. No caso da África Subsariana, o aumento do número e da duração das secas, a ocorrência de inundações e os conflitos relacionados com o clima, que resultam em preocupações humanitárias para a população, são uma realidade. Esta região baseia-se essencialmente na agricultura, dependendo em grande medida da agricultura de sequeiro. Quase todos os meios de subsistência dependem das economias baseadas na agricultura - se olharmos para o Quénia, por exemplo, "todas" as empresas, desde as indústrias às infra-estruturas, giram em torno da nossa agricultura de sequeiro. É o que acontece nos países em desenvolvimento, que enfrentam elevados níveis de pobreza, para além de problemas estruturais e de infra-estruturas.

Os mesmos aspectos têm efeitos e manifestações diferentes em populações diferentes e, quando isso é exacerbado pelo impacto do VIH de um povo, suscita preocupações.

CAPÍTULO 4

QUAIS SÃO ENTÃO OS POSSÍVEIS IMPACTOS DO CLIMA NA GESTÃO DO VIH

Os impactos das alterações climáticas não se limitam apenas ao VIH. A diferença é notória quando se comparam as situações em que foram adoptadas medidas de adaptação e aquelas em que nada foi feito, por assim dizer, para se adaptar às alterações climáticas.

Impacto das alterações climáticas sem (em cima) e com (em baixo) adaptação

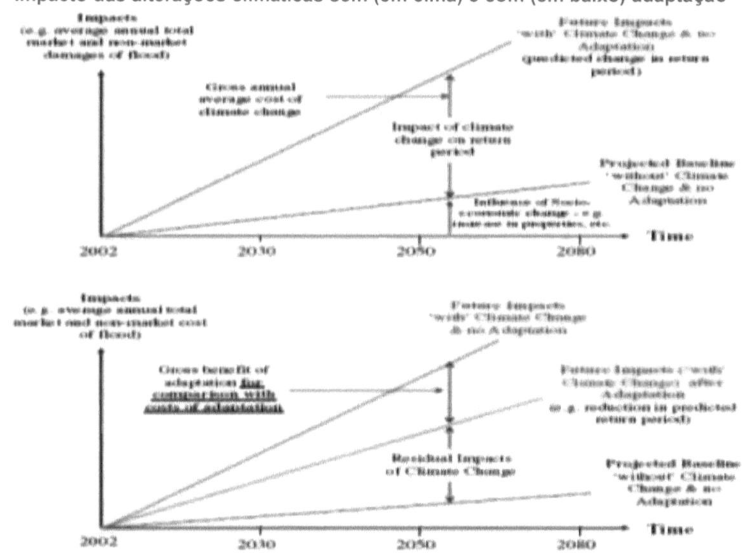

Source: Boyd R. and A. Hunt (2006) Climate Change Cost Assessments Using the UKCIP

As alterações climáticas, por assim dizer, não têm uma ligação direta com o VIH, pois, em termos literários, os modos de transmissão do VIH "poderiam" não ter nada a ver com o clima. O que é inegável, porém, é que as alterações climáticas podem acelerar a progressão da doença e tornar a sua gestão complicada e dispendiosa, num contexto de diminuição dos recursos com o aumento da população e dos níveis de pobreza. As populações, sobretudo na África Subsariana, que apresentam taxas elevadas de infeção pelo VIH são as mais vulneráveis a um agravamento ou prolongamento da epidemia devido às alterações climáticas.

É importante notar que os impactos podem não ser homogéneos em termos de regiões, população e mesmo de género e que as vulnerabilidades dos indivíduos são diferentes num vasto âmbito.

A boa saúde é sustentada pela ingestão de alimentos dietéticos suficientes e equilibrados e pela disponibilidade de água potável segura e adequada. É importante notar que todas as espécies vegetais e animais dependem dos parâmetros climáticos para se desenvolverem. Devido às alterações climáticas, tem havido um aumento das condições de seca prolongada e de inundações em muitos países de África (que têm economias baseadas na agricultura), daí a produção insuficiente de alimentos para alimentar as populações e a inadequação da água potável. Por exemplo, no ano de 2009, o Governo do Quénia declarou a seca uma catástrofe nacional, com mais de 10 milhões de pessoas a enfrentar a fome. Com a seca, há perda de meios de subsistência, como evidenciado nas comunidades pastoris que dependem do gado. A perda dos seus animais, ocasionada pela falta de pasto e de água, afecta o seu poder de compra de meios de subsistência alternativos, deixando-os vulneráveis. Não só carecem de alimentos para si próprios, mas também de recursos para financiar medicamentos e até mesmo a educação que melhoraria o seu bem-estar.

Perda de gado devido à seca

Entre os famintos e os afectados pelos efeitos adversos do tempo e das alterações climáticas encontram-se pessoas infectadas e/ou afectadas pelo VIH, e é desnecessário dizer que isto é devastador para elas. Nalguns casos, mais ainda para as pessoas atingidas pela pobreza e/ou por uma infeção oportunista, trata-se, na verdade, de uma dupla tragédia. O desafio, na realidade, é como isolar os infectados e vulneráveis nas populações, no meio do estigma relacionado com o VIH, para obter mais rações, considerando que a sua procura nutricional é maior.

De acordo com uma análise situacional encomendada em 2009, existem provas empíricas que "demonstram uma ligação bidirecional entre a segurança alimentar e o VIH - ou seja, o VIH e a SIDA contribuem para a insegurança alimentar e a insegurança alimentar aumenta o risco de prevalência ou a suscetibilidade fisiológica ao VIH e à SIDA". O relatório salienta que os agregados familiares que perderam o ganha-pão são mais vulneráveis aos choques de segurança alimentar. Existem provas de mudanças na produção de culturas de rendimento - em que o agregado familiar muda os seus padrões de cultivo, passa a praticar uma agricultura menos intensiva em termos de mão de obra e de custos, o que afecta definitivamente a produção, tornando-o inseguro em termos alimentares, para além de afetar o seu consumo e ingestão nutricional, tornando-o mais vulnerável. O estudo revela ainda que a insuficiência alimentar está associada a múltiplas práticas sexuais de risco (um fator de novas infecções) em que as mulheres, que são muito importantes no sector agrícola, vendem sexo por dinheiro ou recursos. Isto é mais evidente no facto de existir o fenómeno do "peixe por sexo" entre algumas das comunidades piscatórias, tudo relacionado com a diminuição do peixe nas águas que afecta as exigências do mercado e, consequentemente, os rendimentos familiares. No Quénia, as mulheres são desproporcionalmente vulneráveis e afectadas, uma vez que os relatórios de estimativa do VIH de 2015 mostram que o nível de prevalência das mulheres é de 7,0% em comparação com o dos homens, que é de 4,7%. Este valor pode ser comparado com o Inquérito sobre Indicadores de SIDA no Quénia de 2012, que revelou que a prevalência por sexo para as mulheres é de 6,9% em comparação com a dos homens na mesma faixa etária, que é de 4,2%. Em geral, no Quénia, as mulheres têm quatro vezes mais probabilidades de serem infectadas do que os homens, o que aumenta o fardo, pois torna até as crianças mais vulneráveis, pintando um futuro sem futuro e diminuindo ainda mais a mão de obra e, consequentemente, a produtividade.

Os riscos de danos nas colheitas por pragas e agentes patogénicos sensíveis ao clima agravam a insegurança alimentar, o que dificulta a absorção do valor nutricional diário necessário para os indivíduos. Para uma pessoa que vive com VIH, é necessário ter uma dieta bem equilibrada para repor a energia perdida e permitir que o corpo aguente e processe a medicação/tratamento antirretroviral.

A falta de uma dieta equilibrada pode levar à incapacidade de fornecer ao corpo os nutrientes necessários, incluindo água potável, e pode aumentar a progressão da doença, conduzindo à SIDA e, inevitavelmente, à morte.

Para uma boa saúde, é necessário consumir diariamente água limpa e disponível em quantidade suficiente e, como tal, as implicações da diminuição dos recursos de água doce devido às alterações climáticas não podem ser ignoradas. A qualidade da água disponível também está comprometida, especialmente nos países em desenvolvimento, onde, literalmente, "um litro de água engarrafada é mais caro do que a mesma quantidade de gasolina". A falta de água potável contribui para as doenças diarreicas que complicam ainda mais a gestão do VIH e podem levar à morte.

ALTERAÇÕES CLIMÁTICAS E RESSURGIMENTO DE DOENÇAS SENSÍVEIS AO CLIMA

Muitas doenças infecciosas importantes são transmitidas por um inseto vetor, que se desenvolve em determinadas condições climáticas (limiares de temperatura). As doenças transmitidas por vectores como a malária, a febre amarela e a febre do Vale do Rift são transmitidas por certas espécies de mosquitos e a "doença do sono" é transmitida por certas espécies de mosca tsé-tsé. Nos países em desenvolvimento, o fardo da doença devido à malária tem aumentado ao longo dos anos, com muitas crianças e mulheres a sucumbirem às infecções.

A poluição provocada pelas alterações climáticas ocorre quando as partículas presentes no ar, como o pólen, os esporos de fungos, as emissões tóxicas e os gases provenientes da queima de combustíveis e dos resíduos de veículos, fábricas, escritórios e habitações, se encontram em elevada concentração no ar que respiramos. A sua propagação e concentração dependem das condições meteorológicas prevalecentes, das correntes de ar, da variação da temperatura, da humidade e da precipitação. Esta situação pode aumentar o risco de doenças respiratórias, sobretudo em populações com a imunidade comprometida pelo VIH. Recentemente, verificou-se um ressurgimento da tuberculose, que co-infecta quase dois terços das pessoas que vivem com o VIH, complicando ainda mais as suas vidas. Os impactos serão devastadores se, de alguma forma, a qualidade do ar que respiramos for comprometida, tendo como pano de fundo esta e outras doenças transmitidas pelo ar, provocadas pelas alterações climáticas.

POPULAÇÕES HUMANITÁRIAS E SANEAMENTO

CONDIÇÕES

As populações de interesse humanitário (refugiados, bairros de lata) estão a aumentar anualmente na África Subsariana em resultado de conflitos, alguns dos quais têm origem nas alterações climáticas. Atualmente, quase 90% das catástrofes mundiais estão relacionadas com o clima. As catástrofes caracterizam-se por danos nas infra-estruturas, deslocação das populações para condições de vida "insalubres" no âmbito das medidas de gestão das emergências. Esta situação pode levar a um aumento do risco de doenças infecciosas (transmitidas pela água e pelos alimentos) e a implicações psicológicas que tornam as pessoas que vivem com o vírus mais vulneráveis.

Os casamentos de conveniência para facilitar a elegibilidade para receber alimentos de emergência nos casos em que as pessoas migraram para zonas mais altas devido a catástrofes relacionadas com o clima, como as inundações, são um cenário possível para a infeção/reinfeção pelo VIH.

As alterações climáticas têm tido impactos sociais, económicos e demográficos que afectam a maioria das economias, as infra-estruturas e o fornecimento de recursos, sobretudo nos países em desenvolvimento. Consequentemente, surgiu um vasto leque de problemas de saúde pública que vieram aumentar ainda mais o desafio do VIH. Os conflitos devidos à escassez de recursos têm sido amplamente evidentes e constituem condições suficientemente favoráveis para que outros males, como a violação e o sexo transacional, se desenvolvam, alimentando assim a propagação do VIH.

Outras condições climáticas, como o EI Nino, têm sido associadas a doenças transmitidas por vectores, como a malária, que é muito fatal, especialmente para as mulheres grávidas e as crianças, e mais ainda para aqueles cuja imunidade está comprometida pelo VIH.

O cancro, outra doença, tem hoje efeitos devastadores a nível mundial e "... está a aumentar nos países em desenvolvimento em resultado das rápidas alterações ambientais e do estilo de vida..." afirma um Obstetra e Ginecologista que vive com cancro. Segundo a União Internacional contra o Cancro, todos os anos são diagnosticados mais de 11 milhões de novos casos de cancro a nível mundial e mais de 7 milhões morrem, 70% dos quais nos países em desenvolvimento. Os epidemiologistas presumem que a implicação da radiação solar, resultante da destruição da camada de ozono, está relacionada com as tendências dos cancros da pele que, por assim dizer, é uma das infecções oportunistas relacionadas com o VIH.

ALTERAÇÕES CLIMÁTICAS E MEIOS DE SUBSISTÊNCIA

O aumento das catástrofes relacionadas com o clima, como as secas, as inundações e as doenças, conduziu sempre à perda de meios de subsistência. Por exemplo, devido aos impactos das alterações climáticas na agricultura, perdem-se vastas terras de cultivo porque as chuvas não são suficientes para o seu crescimento ou porque algumas pragas investiram nas culturas. Isto leva a uma grande perda de colheitas, com o agricultor a perder não só o que investiu na exploração agrícola, mas também a produção esperada. Há casos em que as culturas em que os agricultores investiram fortemente são destruídas por fortes tempestades repentinas que deixam um rasto de perdas. As plantações de bananas, milho, feijão, batatas, campos de chá, etc., são destruídas num curto espaço de tempo e, muitas vezes, deixam os proprietários não só com "feridas" económicas mas também psicológicas. Isto pode acontecer estação após estação, agravando os problemas de saúde não só do agricultor individual, mas também da família e da comunidade e afectando o PIB das nações.

Por outro lado, especialmente para as comunidades pastoris que dependem dos animais para a sua subsistência, o fracasso de uma estação significa a sua desgraça. O impacto emocional, sobretudo nos homens que possuem o gado, muitas vezes não é quantificado. Isto aumenta os níveis de pobreza e, como tal, torna as populações mais vulneráveis e incapazes de prover às necessidades dos membros infectados da família.

As alterações climáticas afectam todos os aspectos da vida, de tal forma que se perdem postos de trabalho, por exemplo, o sector do turismo tem assistido a despedimentos em massa devido à morte ou migração dos animais e a alterações da diversidade do ecossistema e, como tal, muitos hotéis fecham ou despedem trabalhadores. Esta situação afecta a capacidade de as pessoas satisfazerem as suas necessidades diárias, comprometendo os níveis de recursos e, por conseguinte, os níveis nutricionais e a capacidade de procurar cuidados médicos e também de sustentar as famílias. Com uma miríade de infecções oportunistas e uma imunidade comprometida, as pessoas tornam-se incapazes de gerir a vida; há um aumento dos níveis de angústia que afecta a saúde.

A destruição maciça de infra-estruturas tem sido evidente, com as comunidades a perderem bens que custaram muito a construir. Perdem-se estradas, pontes, edifícios, equipamentos sociais (hospitais), escolas e vidas. Este facto prejudica o desenvolvimento, desviando recursos que teriam sido utilizados em aspectos preventivos da saúde pública. Além disso, perturba a vida normal, incluindo os negócios, a alimentação e o acesso a equipamentos sociais, complicando ainda mais o bem-estar.

CAPÍTULO 5

CONCLUSÃO

As alterações climáticas são um fenómeno global e o aumento da população, a interferência do homem na natureza e, como tal, a procura crescente de recursos limitados continuarão a ter impacto no ambiente. Consequentemente, o seu impacto na saúde humana, incluindo o VIH e a SIDA, far-se-á sentir em ondas. Os meandros dos sistemas de alterações climáticas ainda não são totalmente compreendidos e, como tal, as suas implicações para o futuro do desenvolvimento dos seres humanos ainda não podem ser totalmente previstas com certeza. As alterações climáticas têm tido impactos sociais, económicos e demográficos que afectam a maioria das economias, as infra-estruturas e o abastecimento de recursos, sobretudo nos países em desenvolvimento. Em consequência, surgiu um vasto leque de problemas de saúde pública, que vieram agravar o desafio do VIH e da SIDA. Os conflitos devidos à escassez de recursos têm sido amplamente evidentes e constituem condições suficientemente favoráveis para que outros males, como a violação e o sexo transacional, se desenvolvam, alimentando assim a propagação do VIH.

Em conclusão, as perdas humanas e económicas e os danos ambientais devidos a fenómenos climáticos extremos são enormes. Para um desenvolvimento sustentável, é importante considerar os impactos das alterações climáticas no VIH e na SIDA, a par de outros estudos.

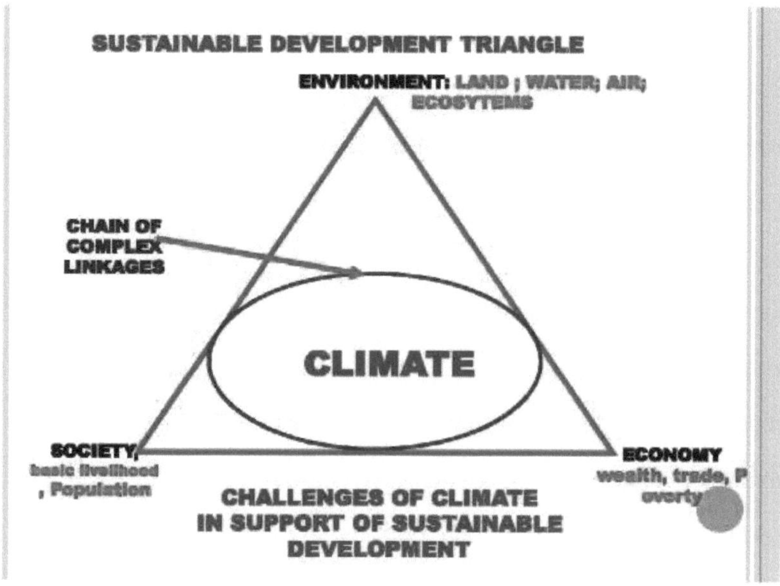

Os problemas de saúde têm causas subjacentes relacionadas com a pobreza, a desigualdade e os valores e práticas socioeconómicos que serão exacerbados pelas alterações climáticas.

Nomeadamente, os sistemas meteorológicos não conhecem fronteiras. As situações de emergência não precisam de se transformar em catástrofes, desde que as comunidades adoptem medidas para atenuar os seus impactos.
A melhoria e a adaptação aos sistemas de alerta precoce, como é o caso dos

membros da OMM que trocam regularmente observações meteorológicas no âmbito do World Weather Watch (WWW), salvam vidas e meios de subsistência.

Para um desenvolvimento sustentável, os governos têm de ser proactivos nas suas abordagens ao flagelo do VIH e da SIDA.

uma população saudável é o maior recurso da nação, a fonte da sua vitalidade, criatividade e riqueza. Em contrapartida, a falta de saúde esgota os recursos da nação e aumenta os custos nacionais dos cuidados de saúde. Os governos da África Subsariana têm de reforçar as capacidades dos seus sistemas nacionais de saúde e integrar no seu planeamento os riscos para a saúde causados pelos riscos naturais. Em combinação com as campanhas de educação para a saúde pública, é necessário ter em consideração as mensagens sobre as alterações climáticas e os seus impactos na saúde. À luz das alterações climáticas, os governos têm de iniciar e estabelecer objectivos nacionais (regionais) para aumentar a qualidade e os anos de vida saudável e eliminar as disparidades de saúde na sua população (minorias, pessoas com baixo estatuto socioeconómico, deficientes e refugiados).

Uma abordagem deliberadamente orientada, multissectorial e multifacetada das intervenções ajudará as economias da África Subsariana, que já suportam um pesado fardo devido às catástrofes naturais, a melhorar e a reduzir a perda de vidas e de meios de subsistência devido às alterações climáticas e ao VIH

A autora é candidata a doutoramento em Psicologia de Aconselhamento na Universidade Católica da África Oriental (Quénia), detentora de um Mestrado em Psicologia de Aconselhamento, de um Diploma Superior em Aconselhamento sobre Dependência Química e de um Diploma em Estudos Meteorológicos do Instituto de Formação e Investigação Meteorológica, Quénia. Está envolvida na coordenação de intervenções no domínio do VIH e da SIDA no sector público. É autora dos livros de motivação cristã "Fulfilling your Purpose" e "Giving is Living", para além de colaborar em várias revistas científicas e sociais.

MIX
Papier aus verantwortungsvollen Quellen
Paper from responsible sources
FSC® C105338

Printed by Books on Demand GmbH, Norderstedt / Germany